Periodische Erscheinungen bei der anodischen Auflösung des Zinks

von K. Schwabe
(nach Versuchen von G. Glöckner und R. Proft)

1. Allgemeines über Deckschichtenpassivität

Wenn der Vorgang

$$Me \rightarrow Me^{+} + e_{-} \quad (1)$$

der bei der anodischen wie bei der chemischen Auflösung von Metallen stattfindet, gehemmt ist, bezeichnet man dieses Verhalten des Metalls als passiv. Bei der chemischen Auflösung in Säuren muß gleichzeitig der Vorgang

$$H^{+} + e_{-} \rightarrow H \quad (2)$$

stattfinden, der die nach (1) entstehenden Elektronen aufnimmt. Häufig ist dieser Vorgang infolge der Überspannung des Wasserstoffs an dem betreffenden Metall, z. B. beim Zink, stark gehemmt und damit auch die Auflösung des Metalls in Säuren. Hier spricht man nicht von Passivität, weil nicht der Vorgang (1) verzögert wird. Man kann ja die Auflösung des reinen Zinks in Säuren sofort lebhaft ablaufen lassen, wenn man es mit einem Platindraht berührt, weil am Platin der Vorgang (2) nicht gehemmt ist. Bei einem passiven Metall, etwa beim Chrom, ist die Berührung mit Platin ohne Einfluß auf die Lösungsgeschwindigkeit in Säure. Die Erscheinungen der Passivität werden im allgemeinen eingeteilt in die mechanische oder Deckschichtenpassivität (Aluminium, Tantal, Wismut usw.) und chemische Passivität (Nickel, Eisen, Chrom). Nach der heutigen Auffassung unterscheiden sich diese beiden Arten von Passivität nur quantitativ, nicht qualitativ[1]. Bei mechanischer Passivität verhindert

[1] Vgl. z. B. G. Kortüm, Lehrbuch der Elektrochemie, Wiesbaden 1948, S. 426, oder G. Milazzo, Elektrochemie, Wien 1952, S. 157, sowie D. A. Mac Innes, Principles of Electrochemistry, New York 1939, S. 447.

eine makroskopisch sichtbare Oxyd- oder Salzschicht die Auflösung. Bei chemischer Passivität ist diese Schicht häufig auch mit den besten optischen Hilfsmitteln nicht erkennbar. Ihre Existenz ist aber mindestens bei Eisen bewiesen[1] und wird als Ursache für die Tatsache angesehen, daß der Vorgang (1) nicht stattfindet, sondern das betreffende Metall in Säure unlöslich ist und als Anode den Stromdurchgang entweder unter Anionentladung oder unter Bildung höherwertiger Ionen, die mit einer geringeren Abnahme der freien Enthalpie erfolgt, vermittelt. Man muß allerdings feststellen, daß sich eine Vielzahl von Erscheinungen, die bei den eingehenden Untersuchungen über die chemische Passivität in den Jahren von 1910–1935 beobachtet wurden[2], nicht befriedigend durch die einfache Annahme einer unsichtbaren Deckschicht deuten läßt. Daß man bei Metallen, z. B. bei Eisen, solche sehr dünnen Oxydschichten durch Auflösen des Metalls nachgewiesen hat[1], ist kein eindeutiger Beweis dafür, daß diese Schichten auch die Ursache für das passive Verhalten des betreffenden Metalls sind. Es gibt genügend Beispiele dafür, daß sogar sichtbare Deckschichten keine Passivität hervorrufen. Sicher spielt für die verschiedenen Formen der Passivität der Stromleitungsmechanismus in den Deckschichten eine wesentliche Rolle. Dafür spricht u. a. der große Einfluß des Anions und des Lösungsmittels auf die Passivitätserscheinungen.

Bei der mechanischen Passivität treten an der Anode keine neuen Vorgänge (Anionentladung, Bildung höherwertiger Ionen) auf, sondern der thermodynamisch zu erwartende Vorgang verläuft nur mit sehr großer Hemmung, so daß selbst bei hohen Spannungen ein geringer Übergang von Metallionen in die Lösung

---

[1] Vgl. z. B. U. R. EVANS, Nature *128*, 1062 (1931); über einen Beweis einer Oxydhaut beim Eisen auf Grund des kathodischen Verhaltens vgl. K. VETTER, Z. physik. Chem. *202*, 1 (1953) und die dort angegebene Literatur.

[2] Vgl. z. B. die sehr umfangreiche, ausgezeichnete Darstellung in R. KREMANN und R. MÜLLER, Handbuch der allg. Chemie, Bd. VIII, 2. Elektrolyse und Polarisation, Leipzig 1931, S. 375ff. sowie die zahlreichen Publikationen von E. MÜLLER und Mitarbeitern, sowie W. J. MÜLLER und Mitarbeitern.

BERICHTE ÜBER DIE VERHANDLUNGEN DER SÄCHSISCHEN
AKADEMIE DER WISSENSCHAFTEN ZU LEIPZIG

Mathematisch-naturwissenschaftliche Klasse
Band 101 · Heft 1

KURT SCHWABE

PERIODISCHE ERSCHEINUNGEN BEI DER ANODISCHEN AUFLÖSUNG DES ZINKS

MIT 14 ABBILDUNGEN

1954

AKADEMIE-VERLAG · BERLIN

Vorgetragen in der Sitzung vom 15. Dezember 1952
Manuskript eingeliefert am 3. August 1953
Druckfertig erklärt am 2. März 1954

Erschienen im Akademie-Verlag GmbH., Berlin W 8, Mohrenstraße 39
Veröffentlicht unter der Lizenznummer 1217
des Amtes für Literatur und Verlagswesen der Deutschen Demokratischen Republik
Satz und Druck: C. G. Röder in Treuhandverwaltung, Leipzig III/18/2 - 40225
Bestell- und Verlagsnummer: 2027/101/1
Preis: DM 3,—
Printed in Germany

und damit ein kleiner Stromfluß stattfindet. Diese Sperrwirkung einer das Metall bedeckenden Schicht ist naturgemäß nicht nur von der Natur des Metalls, sondern in erster Linie von der Art dieser Schicht und ihrer Verankerung auf der Metalloberfläche abhängig. Deckschichten müssen immer auftreten, wenn das Metall unter solchen Bedingungen anodisch aufgelöst wird, daß Sättigung an dem gebildeten Salz über der Anode eintritt oder die Lösung von vornherein an dem betreffenden Salz gesättigt wird.

Als vor einer Reihe von Jahren das anodische Verhalten einer Anzahl von Metallen in den verschiedensten gesättigten Lösungen ihrer Salze untersucht wurde, zeigte sich, daß solche Salzschichten durchaus nicht immer eine merkliche Hemmung des Vorganges (1) zu verursachen brauchen (z. B. beim Blei in gesättigter Bleinitratlösung), daß andererseits aber auch sichtbare Schichten Anionentladung oder Bildung höherwertiger Ionen veranlassen können (Tabelle 1).

Tabelle 1[1]

Zn	$ZnCl_2 \cdot 4H_2O$ LB 78,6%/20° –	$ZnSO_4 \cdot 7H_2O$ LB 36,7%/25° –	$Zn(ClO_4)_2(H_2O?)$ s. l. lösl. –	$ZnOH_2$ LB 10^{-8} + 1600
Cd	$CdCl_2 \cdot 2{,}5H_2O$ LB 56,3%/30° –	$CdSO_4 \cdot 8/3\ H_2O$ LB 43,4%/20° –	$Cd(ClO_4)_2(H_2O?)$ s. l. lösl. –	$Cd(OH)_2$ LB 10^{-9} + 1000
	β–$Cd(SO_3C_{10}H_7)_2 \cdot 6H_2O$ LB 0,87 g/100 g H_2O/16,5°			
Tl	TlCl 0,3 g/100 g H_2O –	Tl_2SO_4 LB 4,64%/15° + 1200	$TlClO_4$ 10 g/100 g H_2O/15° + 1200	Tl(OH) 5 g/100 g H_2O + 900
Pb	$PbCl_2$ LB 0,96%/20° + 1450	$PbSO_4$ LB $4{,}2 \cdot 10^{-3}$% + 1500	$Pb(ClO_4)_2 \cdot 3H_2O$ 81,5%/25° –	$Pb(OH)_2$ LB 10^{-8} + 900

[1] Unter der Formel ist die Löslichkeit des betreffenden Salzes angegeben. Die mit LB bezeichneten Werte sind dem Tabellenwerk von LANDOLT-BÖRNSTEIN entnommen. In der 3. Zeile ist der Anodensprung in mV gegen die n-Calomelelektrode angegeben, bei dem Anionentladung beobachtet wurde. Fehlt diese Angabe, so tritt keine Anionentladung auf.

„Fortsetzung Tabelle 1"

	β–$Pb(SO_3C_{10}H_7)_2 \cdot H_2O$ LB 0,54 g/100 g H_2O + 1850	$Pb(CCl_3COO)_2 \cdot 1/2\,H_2O$ l. lösl. + 3500	$Pb(\overset{1}{S}O_3C_6H_4\overset{4}{N}H_2)_2$ l. lösl. + 6000	
Sn	$SnCl_2 \cdot 2\,H_2O$ LB 73%/15° –	$SnSO_4$ LB 16%/19° + 3000	$Sn(ClO_4)_2(H_2O\,?)$ 55% –	$Sn(OH)_2$ LB 10^{-14} + 900
Cu	$CuCl_2 \cdot 2\,H_2O$ LB 43,1%/17° –	$CuSO_4 \cdot 5\,H_2O$ LB 17,3%/20° –	$Cu(ClO_4)_2 \cdot 6\,H_2O$ 54,3%/0° –	$Cu(OH)_2$ LB 10^{-10} + 900
	$Cu(SO_3C_{10}H_7)_2 \cdot 6\,H_2O$ LB 1,1 g/100 g H_2O + 50000	$Cu(CCl_3COO)_2 \cdot 3\,H_2O$ l. lösl. –	$Cu(CH_3COO)_2 \cdot H_2O$ LB 7,5%/20° + 3300	
Ag	$AgCl$ LB 10^{-5} –	$AgSO_4$ LB 0,73%/18° + 1600	$AgClO_4 \cdot H_2O$ LB 84,5%/25° –	$AgOH$ LB 10^{-4} + 900
	$AgOOCCH_3$ LB 1 g/100 g H_2O/20° + 1550			
Fe	$FeCl_2 \cdot 4\,H_2O$ LB 40,7%/20° + 900	$FeSO_4 \cdot 7\,H_2O$ LB 21%/20° + 600	$Fe(ClO_4)_2(H_2O\,?)$ s. l. lösl. + 900	$Fe(OH)_2$ LB 10^{-10} + 800
Co	$CoCl_2 \cdot 6\,H_2O$ LB 33,3%/20° –	$CoSO_4 \cdot 7\,H_2O$ LB 25,7%/20° + 1500	$Co(ClO_4)_2(H_2O\,?)$ 100 g/100 g H_2O + 1500	$Co(OH)_2$ LB 10^{-9} + 1000
Ni	$NiCl_2 \cdot 6\,H_2O$ LB 39%/20° (+ 1800)	$NiSO_4 \cdot 7\,H_2O$ LB 25,5%/15° + 1500	$Ni(ClO_4)_2(9\,H_2O\,?)$ 110 g/100 g H_2O + 1400	$Ni(OH)_2$ LB 10^{-7} + 900

In der Tabelle 1 ist für eine Reihe von Metallen in ihren gesättigten Lösungen angegeben, ob und bei welchem Potential ein neuer Vorgang auftritt. Es wurde schon früher darauf hingewiesen, daß ein Metall in einer gesättigten Lösung an der Anode auch direkt in festes Salz übergeführt werden kann[1], ohne daß der Umweg über die Bildung gelöster und solvatisierter Ionen beschritten zu werden braucht. Der Vorgang der direkten anodischen Bildung eines Mols festen Salzes unterscheidet sich thermodynamisch gesehen von der Bildung gelöster Ionen durch

[1] E. MÜLLER und K. SCHWABE, Z. Elektrochem. angew. physik. Chem. *39*, 414, 815 (1933); *40*, 862 (1934).

die Differenz der chemischen Potentiale des festen und des gelösten Salzes. Er kann daher sogar in einer gesättigten Lösung energetisch bevorzugt sein, wird sich aber von selbst hemmen, weil auf dem Metall und aus ihm heraus eine schlecht leitende Salzschicht gebildet wird. Im allgemeinen wird jedenfalls die direkte Bildung festen Salzes bei einem anderen Potential erfolgen als das anodische In-Lösung-Gehen. Diese Tatsache kann allein schon die Ursache einer Passivität bei der anodischen Polarisation von Metallen in gesättigten Lösungen ihrer Salze sein, wenn nämlich das Metall mit Salz bedeckt ist, so daß ein In-Lösung-Gehen mit Übersättigung nicht mehr möglich, die direkte Salzbildung aber mit einem höheren Energieaufwand verbunden ist.

Das Zink zeigt keine chemische Passivität. Wenn es sich als reines Metall in Säuren nicht oder nur träge löst, so liegt das an seiner hohen Wasserstoffüberspannung. Wohl aber zeigt es, wie alle Metalle, in den gesättigten Lösungen seiner Salze bei der anodischen Auflösung Deckschichtenpassivität.

Verfolgt man den Verlauf der Stromstärke einer Zinkanode mit der Zeit bei konstanter Spannung in Lösungen seiner Salze, so fällt im allgemeinen kurze Zeit nach Beginn der Elektrolyse die Stromstärke steil ab, weil durch die Bildung einer Deckschicht ein erheblicher Spannungsverbrauch durch eine Salzschicht hohen Widerstandes an der Anode auftritt (s. Abb. 1). Wenn man nach diesem Abfall der Stromstärke die Spannung weiter steigert, beobachtet man nur dort einen erneuten Anstieg der Stromstärke, wo ein neuer Vorgang auftritt. Dieses Verhalten beobachtet man beim Zink in den Lösungen aller seiner leicht löslichen Salze, z. B. Zinkchlorid, Zinksulfat, Zinkperchlorat usw. Bei anderen Metallen, z. B. beim Blei, tritt in manchen Lösungen leicht löslicher Salze (Bleinitrat) kein Abfall der Stromstärke auf, wenn auch noch so viel festes Salz auf der Anode angehäuft wird.

Im Laufe der Untersuchungen über das anodische Verhalten der Metalle wurden schon früher periodische Schwankungen der

Stromstärke beobachtet[1], die damals aus äußeren Umständen nicht näher verfolgt werden konnten. Inzwischen wurden von K. F. BONHOEFFER[2] periodische Schwankungen der Stromstärke an Kupferanoden in Salzsäure untersucht und eine allgemeine Theorie solcher periodischer Vorgänge gegeben.

Wir haben uns nun neuerdings wieder mit der anodischen Auflösung des Zinks in nicht gesättigten Lösungen seiner Salze be-

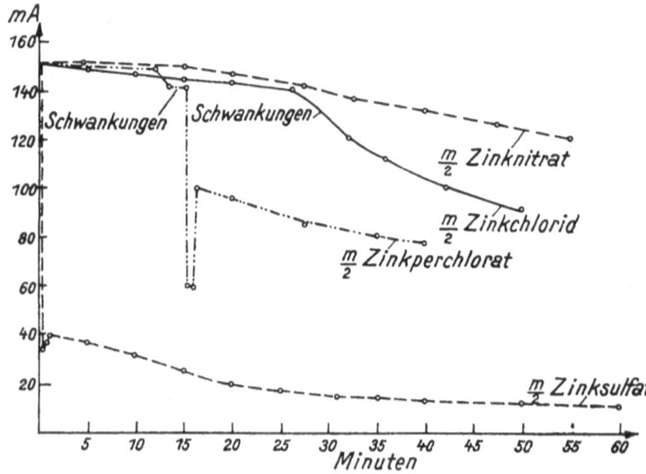

Abb. 1

schäftigt und in Chlorid- sowie Perchlorat-Lösungen periodische Stromstärkeschwankungen beobachtet, sobald Sättigung an der Anode eingetreten war. Darüber soll im folgenden berichtet werden.

2. *Untersuchungsmethodik*

Als Anode wurde die Stirnfläche eines Zinkzylinders (Durchmesser 0,6 cm entsprechend 0,28 cm² wirksame Elektrodenfläche)

[1] K. SCHWABE, Z. Elektrochem. *39*, 791 (1933).

[2] K. F. BONHOEFFER, Berichte der Math.-phys. Klasse der Sächs. Akademie der Wissenschaften *95*, 57 (1943), Naturwissensch. *31*, 270 (1943), Z. Elektrochem. *51*, 24, 67, 149 (1948).

benutzt, wobei dieser Zylinder in ein Glasschliffrohr eingepaßt war, das in das Elektrolysegefäß eingesetzt wurde (vgl. Abb. 2). Über der Anodenfläche befand sich demzufolge ein zylindrischer Raum von etwa 60 mm Länge und 10 mm Innendurchmesser, der sich zu einem Gefäß von 50 mm Durchmesser und 50 mm Höhe erweiterte. In diesem weiten Zylinder stand ein zylindrisches Zinkblech (55 × 100 mm) als Kathode. Infolge seiner etwa 200fach größeren Elektrodenfläche konnte diese Elektrode als unpolarisierbar angesehen werden. Durch diese Anordnung der Anode ist eine verhältnismäßig rasche Sättigung des Anodenraumes mit dem durch die Auflösung gebildeten Salz gewährleistet. Die verwendete Zinkanode bestand aus Zink für analytische Zwecke der Firma Merck. Als Elektrolyt wurden verdünnte Zinksalzlösungen verwendet, deren Wasserstoffionenaktivität gegebenenfalls durch Zusatz freier Säure bzw. von Ammoniak auf einen gewünschten Wert eingestellt wurde. An die beiden Elektroden wurde eine konstante Spannung, die sich aus der gewünschten Anfangsstromstärke ergab, angelegt und der Verlauf der Stromstärke, gegebenenfalls auch der des Widerstandes mit Hilfe eines Schleifenoszillographen (RFT) registriert.

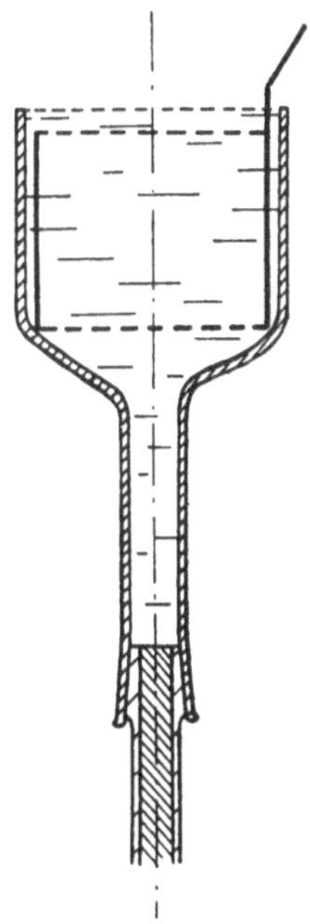

Abb. 2

Nachdem die Stromstärke anfangs praktisch konstant war, führte sie bei manchen Elektrolyten von einem bestimmten Zeitpunkt an periodische Schwankungen von größter Regelmäßigkeit aus. Es war dazu aber notwendig, daß die Diffusion nicht gestört wurde. Durch Rühren oder sonstige Erschütterungen des Elektrolysegefäßes konnte die Ausbildung periodischer Stromstärkeschwankungen immer verhindert werden. Das Elektrolysegefäß befand sich in einem Thermostaten, der etwa auf $\pm\, ^1/_{10}$ Grad konstante Temperatur gewährleistete.

In Abb. 3 und 4 sind typische Schwankungen der Stromstärke in Chloridlösung einerseits und Perchloratlösung andererseits dargestellt. Man sieht an diesen Oszillogrammen, die unter gleichen Bedingungen aufgenommen wurden, daß sich die beiden Schwin-

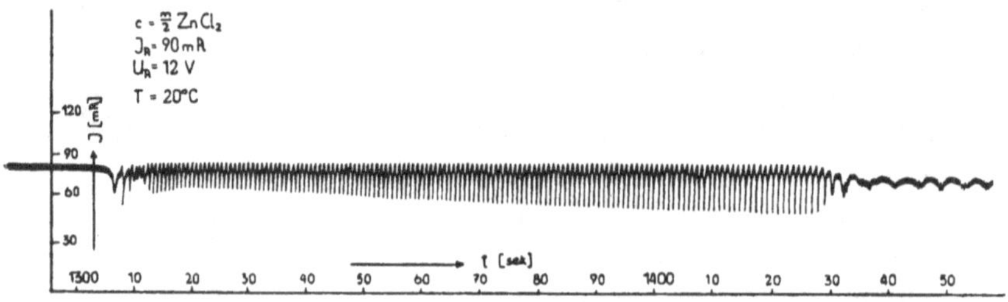

Abb. 3

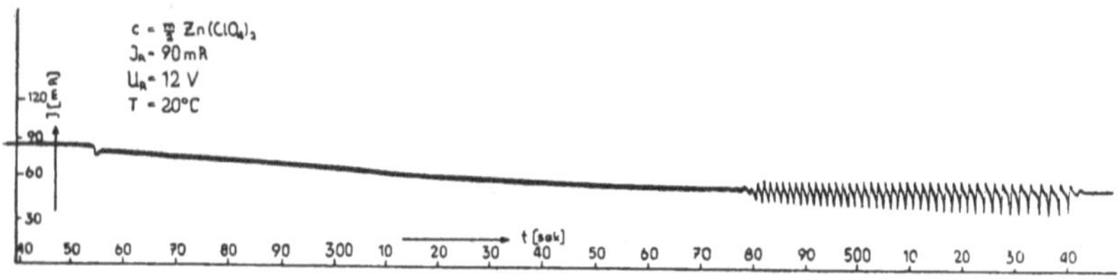

Abb. 4

gungsformen zwar unterscheiden, daß aber die Frequenz ($\sim {}^1/\text{sec}$) und die Amplitude annähernd gleich groß sind. Sie treten immer erst nach einer bestimmten Polarisationsdauer auf, die von der Anfangsstromstärke und der Konzentration des Elektrolyten abhängt. Unmittelbar vor dem Einsetzen der Schwingungen wird ein Absinken der Stromstärke beobachtet, da man außerdem auf der Elektrodenoberfläche eine Salzschicht sieht, ist zweifellos für das Auftreten der Schwingungen Sättigung im Anodenraum Voraussetzung. Von den Stromstärkeschwankungen, die BONHOEFFER an Cu beobachtet hat (l. c.), unterscheiden sich diese Schwingungen wesentlich durch ihre viel größere Frequenz (s. Abb. 5).

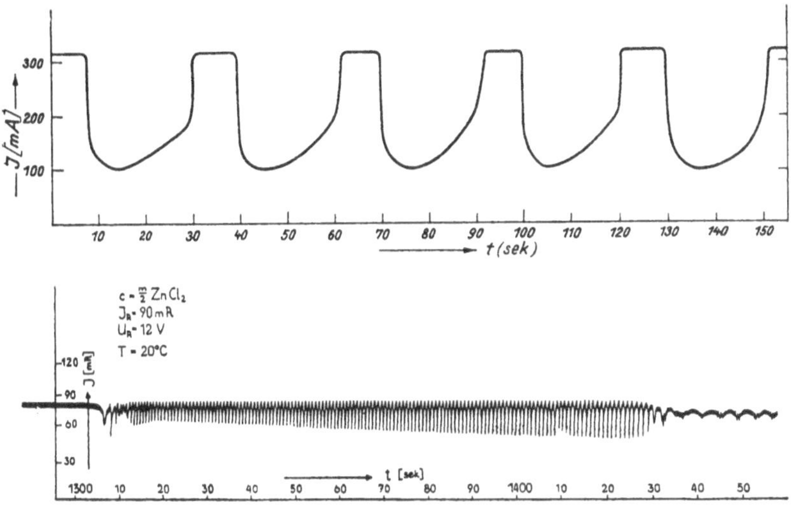

Abb. 5

3. Meßergebnisse

Aus der Fülle der vielgestaltigen Meßergebnisse lassen sich etwa folgende Regeln gewinnen:

1. Die Schwingungen treten bei keiner Konzentration und Stromdichte auf, wenn man in *Nitrat-* oder *Sulfat*lösungen oder auch in alkalischen Lösungen anodisch polarisiert.
2. Die Schwingungen treten auf in Lösungen von *Chloriden* und *Perchloraten*, und zwar bei jeder Konzentration der entsprechenden Alkalisalze oder Säuren. Nur in gesättigter Zinkchlorid- und -perchloratlösung und in Lösungen, die ~ 3 m an Alkalichlorid sind, werden *keine* Schwingungen beobachtet. Die früher auch in gesättigter $Zn(ClO_4)_2$-Lösung beobachteten Schwingungen[1] konnten auf keine Weise reproduziert

[1] K. SCHWABE, l. c.

werden, so daß wohl bei den damaligen Versuchen eine unvollständige Sättigung vorgelegen haben muß.

3. Die Schwankungen der Stromstärke bei konstanter äußerer Spannung haben bei beiden Anionen unter sonst gleichen Bedingungen *verschiedene Form* (Abb. 3, 4).
Die Zeit bis zu ihrem Beginn t_s ist aber in beiden Fällen bei konstanter Konzentration etwa umgekehrt proportional der Anfangsstromdichte J_A (Abb. 6). Die in diesem Diagramm an-

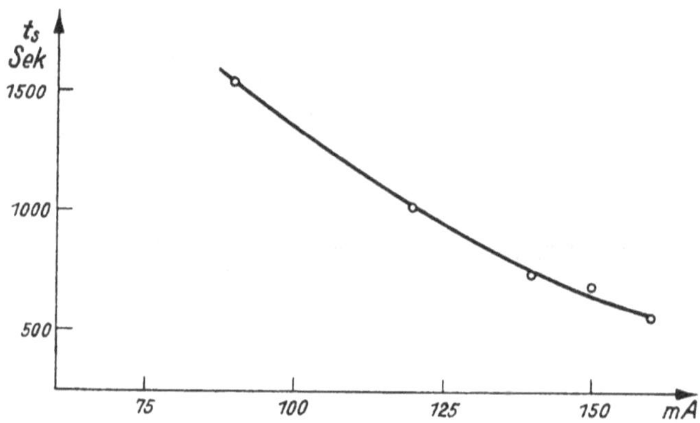

Abb. 6

gegebenen Stromstärken liefern mit $\frac{1}{0{,}28} = 3{,}57$ multipliziert die Stromdichten J_A in mA/cm². Die Zeit τ, während der Schwingungen auftreten (Gesamtschwingungszeit), sinkt mit zunehmendem J_A. Die Frequenz der Einzelschwingungen nimmt mit J_A zu. Die Schwingungsamplitude A ist in einem großen Stromstärkebereich (vor allem bei Perchlorat) der Wurzel aus der Anfangsstromdichte J_A proportional $A = \sqrt{J_A} - K$. Die Schwingungen sind ungedämpft und brechen nach Auftreten einiger Unregelmäßigkeiten plötzlich ab. Der Maximalwert bleibt konstant, während die Minimalwerte immer mehr absinken, im Mittel beträgt die Amplitude 30% der Gesamtstromstärke.

Unter der Voraussetzung, daß die Schwingungen erst eintreten, wenn an der Anode, d. h. in einer Flüssigkeitsschicht konstanter Dicke über der Anode, Sättigung eingetreten bzw. eine bestimmte Menge festes Salz ausgeschieden ist, gilt nach dem Faradayschen Gesetz für diese Salzmenge $m = K \cdot J_A \cdot t$, wenn die Geschwindigkeit der Abdiffusion und die Überführungszahl unverändert bleiben. Mit $\frac{m}{K} = K' = J_A \cdot t$ erhält man also den gefundenen Zusammenhang.

4. Die Zeit bis zum Auftreten der Schwingungen fällt proportional dem Gehalt an Fremdsalz und exponentiell mit dem Gehalt an Zinksalz

$$\log t_s = - k \cdot c_{Zn^{\cdot\cdot}} + K'.$$

Die Neigungen der Geraden, die den Zusammenhang zwischen t_s und Fremdsalzgehalt darstellen, sind proportional zur Überführungszahl der Kationen (Abb. 7).

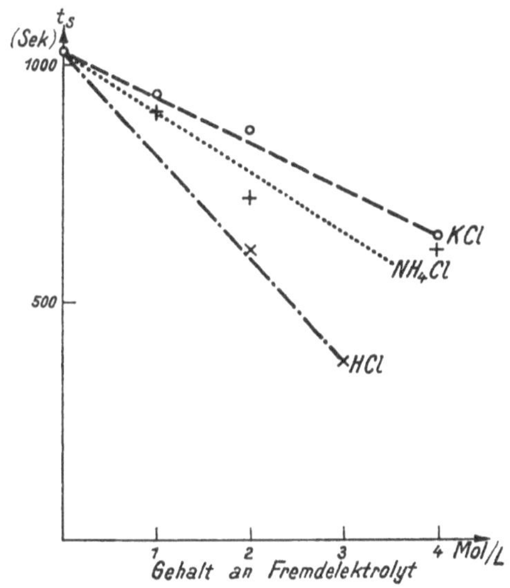

Abb. 7

Das beweist wieder, daß Sättigung an dem betreffenden Salz Voraussetzung für die periodischen Erscheinungen ist. Das gebildete Salz verschwindet aus dem Anodenraum durch Diffusion und durch Überführung. An der Überführung beteiligt es sich um so weniger, je höher die Konzentration an anderen Elektrolyten und je größer die Überführungszahl des betreffenden Kations ist, um so eher wird aber Sättigung an dem betreffenden Zinksalz erreicht.

Weder die Dauer der Schwingungen, ihre Form, ihre Frequenz noch ihre Amplitude lassen sich aber durch die Salzkonzentration und die Art des Kations wesentlich beeinflussen, nur die Zeit bis zum Beginn.

5. Mischt man Salze, in denen Schwingungen auftreten, mit solchen, in denen keine auftreten, z. B. ClO_4' mit SO_4'', so gibt es ein scharf definiertes kritisches Mischungsverhältnis, unterhalb dessen überhaupt keine Schwingungen auftreten, oberhalb dessen Schwingungen beobachtet werden. Wenn ClO_4' mit SO_4'' (als Zinksalz) im Verhältnis 1 : 0,1 bis 1 : 1 gemischt werden, treten Schwingungen auf, die sich hinsichtlich Gesamtschwingungszeit τ, Dauer einer Einzelschwingung ϑ und Amplitude A nicht wesentlich unterscheiden. Schon beim Mischungsverhältnis $ClO_4' : SO_4'' = 1 : 1{,}1$ treten keine Schwingungen mehr auf, sondern nach einer Zeit t_A wird nur ein steiler Abfall der Stromstärke beobachtet, wie er auch bei reinen Sulfatlösungen auftritt (vgl. Tabelle 2).

Tabelle 2

Mischungsverhältnis $ClO_4' : SO_4''$	t_S (sec)	τ (sec)	ϑ (sec)	A (mA)
1 : 0,1	370	23	0,88	8,6
1 : 0,5	315	20	0,7	8,4
1 : 0,75	358	21	0,8	7,5
1 : 0,9	350	20	0,78	7,8
1 : 1	328	18	verzerrt	
1 : 1,1	$t_A = 390$ sec keine Schwingungen			
1 : 1,15	$t_A = 391$ sec ,, ,,			
1 : 1,25	$t_A = 420$ sec ,, ,,			
1 : 1,5	$t_A = 390$ sec ,, ,,			

Wenn bei Mischungen von ClO_4' mit NO_3' das Verhältnis $ClO_4' : NO_3' < 1$ ist, treten keine reproduzierbaren Schwingungen auf. Schon kleine Zusätze von Nitrat zu Perchlorat verändern den Charakter der Schwingungen, vor allem ihre Frequenz, sehr stark. So werden bei einem Mischungsverhältnis von $ClO_4' : NO_3' = 49 : 1$ Schwingungen von kleiner Amplitude mit einer Frequenz von über 100 Hertz gemessen (Abb. 8).

Mischt man Chlorid mit Perchlorat, so treten im Mischungsbereich $ClO_4' : Cl' = 9 : 1$ bis $1 : 1$ nur andeutungsweise

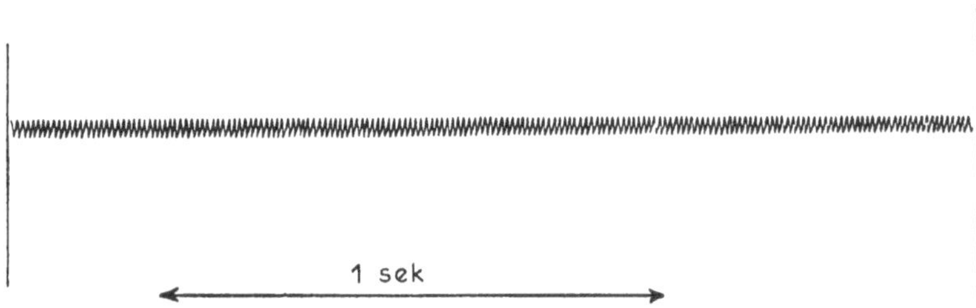

Abb. 8

Schwingungen auf, während beim Überwiegen der Cl' die für diese Ionen charakteristischen Schwingungen immer stärker hervortreten.

6. Die Zeit bis zum Beginn der Schwingungen steigt bei $ZnCl_2$ exponentiell mit der Temperatur (Abb. 9, $\log t_s$ gegen $1/T$ bei $ZnCl_2$). Die Löslichkeit nimmt mit der Temperatur exponentiell zu und damit auch die Zeit, bis Sättigung erreicht wird. Man kann aus dem Diagramm die letzte Lösungswärme berechnen und bekommt annähernd Übereinstimmung mit dem Literaturwert, wenn man berücksichtigt, daß bei 26° die Umwandlung in das wasserfreie Salz stattfindet und dessen letzte Lösungswärme nur ~ 780 cal beträgt, während das Salz $ZnCl_2 \cdot 2{,}5\,H_2O$ eine letzte Lösungswärme von 9000 cal hat. Entsprechend dem wesentlich kleineren Löslich-

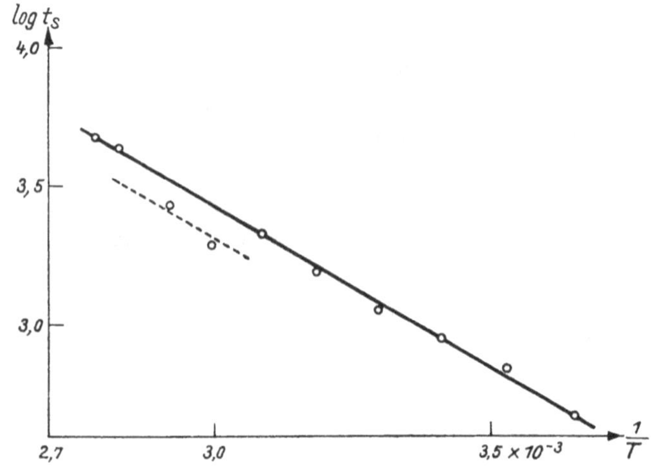

Abb. 9

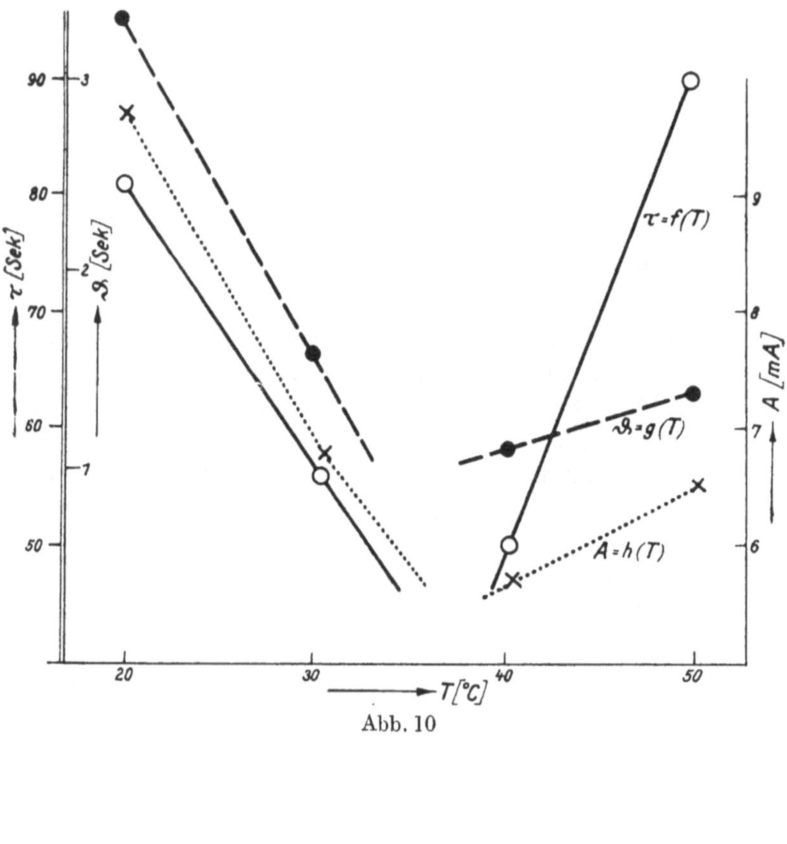

Abb. 10

keitsgradienten $\frac{d a_s}{d T}$ des Zinkperchlorats nimmt auch die Passivierungszeit mit der Temperatur beim $Zn(ClO_4)_2$ weniger stark zu, als beim $ZnCl_2$. Die aus dem Gradienten $\frac{d t_s}{d T}$ errechnete letzte Lösungswärme stimmt mit der aus der Löslichkeitszunahme ermittelten gut überein.

Bei $Zn(ClO_4)_2$ durchlaufen die Gesamtschwingungszeit τ, die Einzelschwingungsdauer ϑ und die maximale Amplitude in Abhängigkeit von der Elektrolysentemperatur ein Minimum, das (interpoliert) bei $\sim 37°C$ liegt (Abb. 10).

7. Es gibt eine untere und obere Grenze der Stromdichte und der Temperatur, außerhalb deren keine Schwingungen auftreten (Abb. 11, Zinkchlorid).

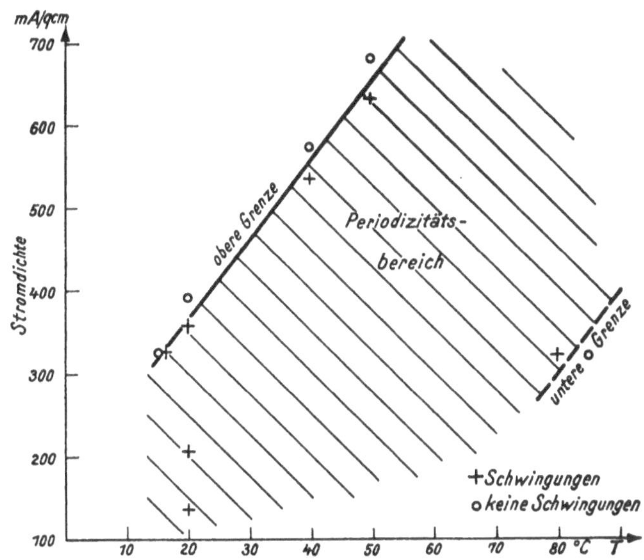

Abb. 11

8. Bei noch so kurzer Unterbrechung des Stromes vergeht nach dem Wiedereinschalten eine Zeit, bis die Schwingungen wieder einsetzen, die um so länger ist, je größer der Zeitraum

der Unterbrechung war. Mißt man während der Elektrolyse den Widerstand mit hochfrequentem Wechselstrom, so findet man hohe Werte, die sich im Rhythmus der Stromstärkeschwankungen ändern (Abb. 12). Beim Unterbrechen fällt dieser Widerstandswert momentan etwa auf den Anfangswert ab.

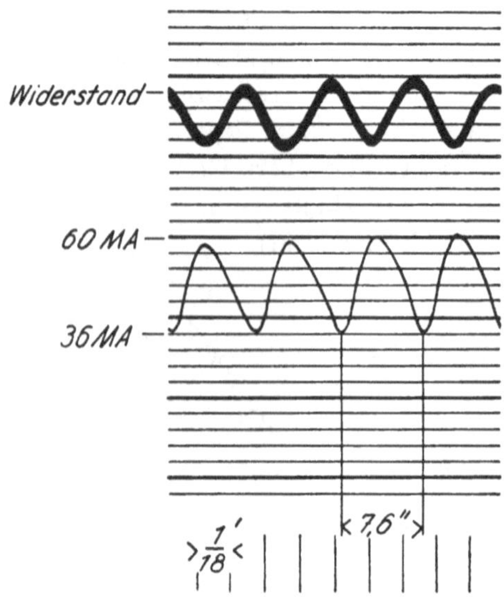

Abb. 12 1 Skalenteil = 4 MA (12) Kurvenabschnitt 12
Zink in m/2 Zinksulfatlösung. Anodenoberfläche 0,77 cm²

9. Neben dem Vorhandensein von festem Salz auf der Anodenoberfläche ist offenbar ein bestimmtes Diffusionsgefälle unerläßlich für das Auftreten der Schwingungen. Überschichtet man nämlich z. B. die Anode vor der Elektrolyse mit einer dünnen (2 mm) Schicht eines feinkörnigen, indifferenten Stoffes, so tritt zwar ein steiler Abfall der Stromstärke – also festes Salz – auf, aber unter keinen Umständen Schwingungen.

Wenn man andererseits durch geeignete Anordnung für ein konstantes Diffusionsgefälle sorgt, kann man die Schwingungen beliebig lange verlaufen lassen. Normalerweise nimmt das Konzentrationsgefälle und die Diffusionsgeschwindigkeit mit der Zeit ab; wenn sie unter einen bestimmten Wert sinkt, hören die Schwingungen auf.

10. Neben den beschriebenen, beiden Anionen (Cl' und ClO_4') gemeinsamen Schwingungserscheinungen treten auch Unterschiede im Schwingungsverhalten bei diesen beiden Ionen auf.

Daß die Zeit bis zum Abfall der Stromstärke, d. h. bis zur Ausscheidung festen Salzes bei gleicher Stromdichte beim $ZnCl_2$ etwa 5 mal größer ist als beim $Zn(ClO_4)_2$ erklärt sich einfach daraus, daß auch die Löslichkeit des Chlorids annähernd 5 mal größer ist als die des Perchlorats, damit wird ja in der Gleichung: $\frac{m}{K} = J_A \cdot t$ die Konstante $\frac{m}{K}$ 5 mal größer. (Löslichkeit des $ZnCl_2$ bei 20° ~ 2,7 Mol/100 g H_2O; $Zn(ClO_4)_2$ 0,49 Mol/100 g H_2O)[1].

In $ZnCl_2$-Lösung bleibt die Stromstärke praktisch konstant, fällt dann plötzlich steil ab und von diesem Minimalwert der Stromstärke aus setzen die Schwingungen ein (vgl. Abb. 3), dagegen geht den Schwingungen in $Zn(ClO_4)_2$ ein allmählicher Abfall der Stromstärke auf etwa $^2/_3$ des Anfangswertes voraus und sie setzen dann zunächst mit kleiner Amplitude ein (Abb. 4). Die Schwingungen in $ZnCl_2$ zeigen im allgemeinen ein sehr spitzes Minimum, dagegen ein rundes Maximum (Abb. 13). Abfall und Anstieg von J sind sehr steil. Bei $Zn(ClO_4)_2$ ist auch das Maximum spitz, der Anstieg steil, der Abfall erfolgt zunächst langsam, dann steil (Abb. 14). Wenn man in $ZnCl_2$-Lösung bei gegebener Stromdichte die an die Zelle angelegte Spannung erhöht, indem man den Zellenwiderstand durch Wahl entsprechend verdünnter Lösungen vergrößert, so bleiben die Schwingungen von einer bestimmten Spannung an (> 40 V) aus, das ist bei $Zn(ClO_4)_2$-Lösungen in dem gemessenen Spannungsbereich nicht der Fall.

---

[1] $ZnCl_2$ s. D'Ans-Lax, Taschenbuch für Physiker und Chemiker, S. 936: 367 g $ZnCl_2$/100 g H_2O. $Zn(ClO_4)_2$ eigene Messungen.

Die an der Elektrodenoberfläche beobachteten Erscheinungen (Deckschichten verschiedenen Aussehens, Gasbläschen usw.) sind bei den beiden Salzen verschieden, können aber in keinen eindeutigen Zusammenhang mit den Schwingungserscheinungen gebracht werden.

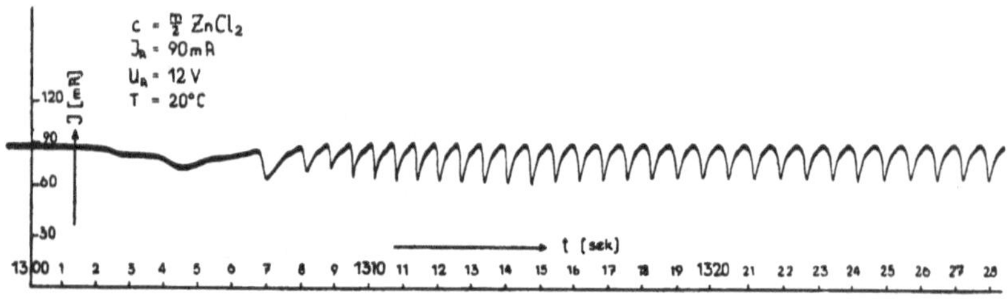

Abb. 13

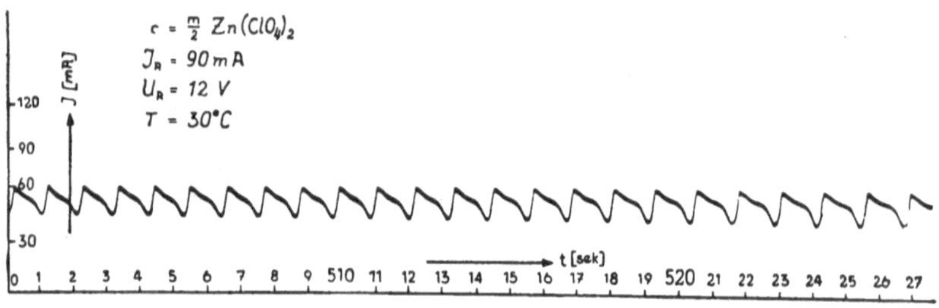

Abb. 14

Während der Schwingungen läuft im Rhythmus der Stromstärkeschwankungen über die Elektrodenoberfläche eine Art Schleier, wie sowohl durch direkte Beobachtungen als auch mittels einer Filmaufnahme der Elektrodenoberfläche festgestellt werden konnte. Die Deutung dieser Reflexionsschwankungen ist sehr schwierig (vgl. später), da sie aber mit einer Frequenz von $\sim 1\ \mathrm{sec}^{-1}$ erfolgen, kann man sie wohl kaum als eine periodische Bildung und Auflösung einer makroskopischen Salzschicht ansprechen, da weder so hohe Kristallisationsgeschwindigkeiten noch Auflösungsgeschwindigkeiten denkbar erscheinen.

Diskussion der Ergebnisse

Aus den Versuchen kann man erkennen, daß das Auftreten von periodischen Schwankungen der Stromstärke bei der anodischen Auflösung des Zinks im wesentlichen an drei Voraussetzungen gebunden ist.

1. An der Anode muß Sättigung an dem betreffenden Zinksalz herrschen, so daß festes Salz ausgeschieden wird. Das ergibt sich eindeutig vor allem aus den unter 3 und 4 geschilderten Versuchsergebnissen. Es kann sich dabei nur um die Sättigung an normalem Salz (Chlorid bzw. Perchlorat) handeln, nicht etwa um ein basisches Salz. Das beweist schon die Tatsache, daß bis zum Eintreten der Schwingungen beim Zinkchlorid eine etwa 5 mal längere Zeit erforderlich ist als beim Zinkperchlorat entsprechend der 5 mal größeren Löslichkeit des normalen Chlorids gegenüber dem normalen Zinkperchlorat. Es gelingt auch nicht, die periodischen Erscheinungen durch Zusatz von Säure (HCl bzw. $HClO_4$) zu beseitigen, was man erwarten sollte, wenn basische Salze maßgebend am Zustandekommen dieser Erscheinungen beteiligt wären. Dadurch, daß in den Anodenraum Farbstoffindikatoren gebracht wurden und die Farbe der Flüssigkeitsschicht an der Anode während der Elektrolyse mikroskopisch beobachtet wurde, konnte außerdem festgestellt werden, daß eine bis zur Ausscheidung basischen Salzes führende p_H-Verschiebung an der Anode nicht auftritt. Beim Zinkchlorid beginnen die Schwingungen offenbar unmittelbar nach Überschreiten der Sättigungsgrenze und dem Beginn der Ausscheidung festen Salzes, beim Zinkperchlorat erst etwas später.

Während also beim Zinkchlorid die Zeit bis zur Sättigung des Anodenraumes t_A mit dem Beginn der Schwingungen t_s zusammenfällt, besteht zwischen beiden Zeiten beim $Zn(ClO_4)_2$ eine Differenz $\Delta p = t_A - t_s$, die um so kleiner ist, je höher die Anfangsstromdichte liegt. Offenbar ist hier die Bildung einer bestimmten Menge festen Salzes nötig, die um so rascher gebildet wird, je höher die Stromdichte ist. Natürlich wandert dauernd ein Teil des gebildeten Salzes aus dem Anodenraum durch Diffusion aus. Wenn man das Diffusionsgefälle in erster Näherung als unabhängig von der Stromdichte ansieht, so wird dieser Salzverlust durch Diffusion sich um so stärker auswirken, je geringer die Stromdichte ist, denn wenn man die bis zur Sättigung an der Anode erforderliche Salzmenge mit m und die Diffusionsgeschwindigkeit mit c' bezeichnet, so ist

$$m = K \cdot J_A \cdot t_s - t_s \cdot c'$$

oder

$$t_s = \frac{m}{K \cdot J_A - c'},$$

bei großem J_A wird c' praktisch nicht ins Gewicht fallen. Tatsächlich ist das Produkt $J_A \cdot t_s$ bei hohen Stromdichten konstant, während es mit abnehmender Stromdichte, d. h. zunehmend wirksam werdendem Diffusionsverlust zunimmt (vgl. Tabelle 3). Die in Tabelle 3 angegebenen Stromstärken

Tabelle 3

J_A (mA)	$J_A \cdot t_s$ (mA · sec)
30	$124 \cdot 10^3$
40	$88 \cdot 10^3$
50	$66{,}5 \cdot 10^3$
60	$54 \cdot 10^2$
70	$48 \cdot 10^3$
80	$41{,}6 \cdot 10^3$
90	$30{,}6 \cdot 10^3$
100	$29 \cdot 10^3$
120	$20{,}5 \cdot 10^3$
140	$18{,}8 \cdot 10^3$
150	$17 \cdot 10^3$
160	$19{,}7 \cdot 10^3$
180	$16{,}4 \cdot 10^3$

müssen mit $\frac{1}{0{,}28}$ multipliziert werden, um die Stromdichten zu erhalten. Man sieht, daß tatsächlich im Bereich von etwa 120–180 mA das Produkt $J_A \cdot t_s$ praktisch konstant ist, während es bei 30 mA etwa 10 mal größer wird. Natürlich ist

c' in Wirklichkeit auch eine Funktion der Zeit und der Stromdichte, so daß sich c' nicht leicht aus den obigen Gleichungen berechnen läßt. Es gibt kaum ein Versuchsergebnis, daß nicht die Annahme der Ausscheidung festen normalen Salzes als Voraussetzung für die periodischen Stromstärkeschwankungen stützt.

2. Es muß eine bestimmte Diffusionsgeschwindigkeit im Verhältnis zur Anfangsstromdichte herrschen (vgl. Abschnitt 9 der Versuchsergebnisse). Ohne Diffusionsgefälle finden keine Schwingungen statt, wie die Messungen in von vornherein gesättigten Lösungen beweisen. Offenbar muß die Konzentrationszunahme durch anodische Auflösung größer sein, als die Geschwindigkeit der Abdiffusion, sonst käme ja keine Sättigung zustande. Die Konzentrationsabnahme durch Diffusion muß aber immerhin vergleichbar im Verhältnis zur Geschwindigkeit der anodischen Salzbildung und damit zu J_A sein. Wenn diese infolge sehr hoher Stromdichte unverhältnismäßig viel größer wird als c', treten keine Schwingungen auf (vgl. Abb. 11). Die Diffusionsgeschwindigkeit nimmt mit der Temperatur zu; wenn also ein konstantes Verhältnis $\frac{J_A}{c'}$ Voraussetzung für die Schwingungen ist, so muß mit zunehmender Temperatur auch die Stromdichte, bei der noch Schwingungen auftreten, ansteigen. Tatsächlich treten in $ZnCl_2$-Lösung bei 20°C schon von 400 mA/cm² an keine Schwingungen mehr auf, bei 50° aber erst von etwa 650 mA/cm² an. Während bei 20°C die untere Grenze der Stromdichte unter 150 mA/cm² liegt, treten bei 88° schon bei 325 mA/cm² keine Schwingungen mehr auf (vgl. Abb. 11). Da bei 20° im Bereich von ~400 bis 150 mA/cm² Schwingungen stattfinden und der Minimalwert der Stromdichte während des Schwingens etwa 30–40% niedriger liegt als der Maximalwert, findet selbst für den Fall, daß noch die ganze Elektrodenfläche wirksam wäre, eine Zunahme von Salz an der Anode statt (der Minimalwert der Stromstärke liegt noch

immer über 150 mA/cm², einem Wert, bei dem noch eine Anreicherung an Salz auf der Anode auftreten muß). Tatsächlich wird man nicht mit einer Wirksamkeit der gesamten Elektrodenfläche rechnen können, da sie zum Teil mit Salz bedeckt ist; infolgedessen wird die effektive Stromdichte noch größer sein und das Verhältnis J/c' schließlich einen Wert erreichen, der keine Schwingungen mehr zuläßt, womit das Ende der Schwingungsperiode erreicht ist. Die Dauer dieser Periode ist daher um so kürzer, je größer die Anfangsstromdichte ist, das gilt sowohl für $ZnCl_2$ wie für $Zn(ClO_4)_2$.

Wenn ein bestimmtes Verhältnis J/c' Voraussetzung für die Schwingungen ist, so müssen sie, selbstverständlich bei gegebenem J durch Bewegung des Elektrolyten oder durch Überschichten der Anode mit porösen Stoffen aufgehoben werden. Der Diffusionsraum über der Anodenfläche muß vor Konvektion möglichst geschützt sein, seine Form ist von bestimmendem Einfluß für die Schwingungserscheinungen. Solange die Anodenfläche in gleicher Höhe mit der Oberkante des Schliffrohrs liegt, in das die Anode eingepaßt ist, ist der Diffusionsraum um die Wandstärke des Rohrs breiter als die Anodenfläche, infolgedessen kann auch ein seitliches Abdiffundieren stattfinden. Wenn aber die Anodenoberfläche durch die Auflösung des Metalls abgetragen wird, so daß sie unter dem oberen Rand des Schliffrohrs zu liegen kommt, kann nur noch eine Diffusion nach oben auftreten, und zwar wird dies um so ausschließlicher der Fall sein, je tiefer sie sinkt. Dadurch wird aber das Konzentrationsgefälle sehr rasch abnehmen und das Verhältnis J/c' sehr stark ansteigen. Wenn man nun durch Verschieben der Anode nach oben den Diffusionsraum möglichst unverändert läßt und damit das Verhältnis J/c' einigermaßen konstant hält, kann man die Schwingungen lange fortsetzen. Dies wurde dadurch erreicht, daß die Anode, die gut in das Schliffrohr mit Hahnfett eingedichtet war, nach Beginn der Schwingungen mit Hilfe einer Spindel in dem Maße wie sie abgetragen wurde, nach oben geschoben wurde. Die Schwingungen konnten so stundenlang aufrechterhalten werden. Damit ist erwiesen, daß die Diffusionsgeschwindigkeit im Verhältnis zur Stromdichte die periodischen Stromstärkeschwankungen entscheidend beeinflußt.

3. Da die Schwingungserscheinungen unter keiner Bedingung in Nitrat und Sulfat auftreten, müssen bestimmte Eigenschaften des gebildeten Zinksalzes als Voraussetzung für die Schwingungen angesehen werden. Zunächst wurde angenommen, daß die Bildung eines bestimmten basischen Salzes diese Vorbedingung darstellt, zumal beim Zinkchlorid zwei verschiedene Salzschichten an der Anode beobachtet wurden. Abgesehen davon aber, daß – wie schon bemerkt – basische Salze offenbar überhaupt keinen Einfluß auf das Phänomen haben, existieren ebenso wie beim Chlorid auch beim Nitrat und Sulfat eine Reihe basischer Salze[1], während beim Perchlorat solche Verbindungen nicht mit Sicherheit bekannt sind. Unterschiede in der Löslichkeit der normalen Salze können auch kaum für das verschiedene Verhalten von $ZnCl_2$ und $Zn(ClO_4)_2$ einerseits, $Zn(NO_3)_2$ und $ZnSO_4$ andererseits verantwortlich gemacht werden, weil die Löslichkeitsunterschiede nicht erheblich sind (s. Tabelle 4). Sowohl das Chlorid

Tabelle 4

Löslichkeit einiger Zinksalze bei 20° C

Stoff	Löslichkeit in g/100 g H_2O	Löslichkeit in Mol/100 g H_2O	Bodenkörper
Zinkchlorid	367	2,7	$ZnCl_2 \cdot 1{,}5\ H_2O$
Zinksulfat	53,8	0,33	$ZnSO_4 \cdot 7\ H_2O$
Zinknitrat	117,5	0,62	$Zn(NO_3)_2 \cdot 6\ H_2O$
Zinkperchlorat	–	0,49	–

wie das Perchlorat bilden aber in hoher Konzentration hochviskose, sirupöse Massen, aus denen die festen Salze nur träge

[1] Vgl. z. B. GMELIN-KRAUT, Handbuch der anorganischen Chemie, Heidelberg 1911, Bd. IV, 1, sowie FEITKNECHT, Helv. chim. Acta *33*, 922 (1950).

auskristallisieren[1]. Es erschien daher denkbar, daß diese beiden Salze in einer Form ausgeschieden werden, die einen sehr dünnen, schlecht leitenden Film auf der Anode bildet, der für die Schwingungen Voraussetzung ist. Die beiden anderen Salze werden dagegen als Kristalle abgeschieden, zwischen denen entweder so viel Poren vorhanden sind, daß sie den Stromdurchgang nicht merklich behindern ($Zn(NO_3)_2$) oder die eine so dicke und dichte Schicht bilden, daß die Stromdichte an den freien Stellen der Anode für periodische Schwingungen zu hoch wird und man infolgedessen nur einen steilen Abfall der Stromstärke beobachtet ($ZnSO_4$)[2]. Sicher ist jedenfalls, daß die Art des anodisch gebildeten Salzes von entscheidendem Einfluß für das Auftreten von Schwingungen ist, denn schon wenn in geringem Maße Nitrat oder Sulfat gebildet wird, verändern die Schwingungen ihre Form oder verschwinden ganz (vgl. Versuchsergebnisse Abschnitt 5).

Wenn man auf Grund dieser drei experimentell ermittelten Voraussetzungen für das Auftreten von Stromstärkeschwankungen eine Deutung dieser Erscheinungen zu geben versucht, so erscheint zunächst die Annahme plausibel, daß sich an der Anode festes Salz bildet, dadurch einen erhöhten Widerstand und ein Absinken der Stromstärke verursacht, daß infolge der nun verminderten Salzbildung die Auflösung der Schicht vor sich geht unter gleichzeitigem Wiederanstieg der Stromstärke usf.

Diese Annahme hat schon E. S. HEDGES[3], der sich sehr eingehend mit periodischen Erscheinungen beschäftigt und auch an Zinkanoden, allerdings unter völlig anderen Bedingungen als sie hier verwendet wurden, Stromstärkeschwankungen beobachtet hat, gemacht. Abgesehen davon, daß die Bildung und Wieder-

---

[1] GMELIN-KRAUT, l. c.

[2] Vgl. K. SCHWABE, Z. Elektrochem. angew. physik. Chem. *39*, 791 (1933).

[3] E. S. HEDGES, J. chem. Soc. 2580 (1926), vgl. auch E. S. HEDGES und J. E. MYERS, The Problem of Physico-chemical Periodicity, Arnold & Co., London 1926.

auflösung von Salzschichten, auch wenn sie sehr dünn sind, innerhalb von Bruchteilen von Sekunden unwahrscheinlich ist (bei HEDGES betrug allerdings die Dauer einer Einzelschwingung etwa 1 Minute), hat BONHOEFFER (l. c.) gezeigt, daß ein solcher Mechanismus der Abscheidung einer Schicht und ihrer Wiederauflösung zu einem stationären Zustand führen muß und keine Schwingungen ergeben kann. Es ist vielmehr nötig, daß zwei Zwischenstoffe entstehen, die in ihrer Bildung bzw. Zersetzung miteinander verkoppelt sind. Der eine Zwischenstoff muß die Bildung des anderen hemmen bzw. seine Zersetzung beschleunigen, wobei gleichzeitig der Zwischenstoff, dessen Bildung durch den anderen gehemmt ist, seine Entstehung autokatalytisch beschleunigt. Im Fall der anodischen Auflösung von Kupfer in Salzsäure hat BONHOEFFER tatsächlich die Bildung zweier dünner Schichten verschiedener Farbe beobachtet. Hier kann auch durch die Bildung von Salzen oder Oxyden verschiedener Wertigkeit die theoretische Forderung der gegenseitigen Verkoppelung des Bildungsvorganges der beiden als Zwischenstoffe aufzufassenden Schichten realisiert werden.

Bei der anodischen Auflösung des Zinks können aber nur Salzschichten des zweiwertigen Zinks entstehen, auch Anionenentladung etwa unter Sauerstoffentwicklung kann kaum unter den vorliegenden Bedingungen für die Schwingungsvorgänge mitverantwortlich gemacht werden. Es wurde zwar gelegentlich beobachtet, daß einzelne Gasbläschen von der Anode aufstiegen, aber fast immer erst, nachdem der Schwingungsvorgang beendet war. Anionenentladung scheidet als bestimmender Faktor für das Phänomen auch deshalb aus, weil beim Cl' und ClO_4' im wesentlichen dasselbe Verhalten beobachtet wurde, während sich die beiden Ionen im Entladungspotential wesentlich unterscheiden. Beim Zinkchlorid wurden zwar Schichten verschiedenen Aussehens beobachtet, ob sie aber als Ursache für die periodischen Schwankungen im Sinne der BONHOEFFERschen Theorie angesehen werden können, erscheint sehr fraglich, denn bei Perchlorat, das im wesentlichen dieselben Schwingungen zeigte, wurde nur eine Salzschicht beobachtet. Die beiden Salze könnten sich im übrigen nur im Hydratwasser oder in dem Basengehalt unterscheiden. Basische Salze können die Erscheinungen nicht bestimmen, weil keine Abhängigkeit vom p_H-Wert des Elektrolyten und keine entsprechende p_H-Verschiebung an der Anode beobachtet wurde. Wenn also zwei Salzschichten für die Schwingungserscheinungen verantwortlich sind, so kann es sich demnach nur um zwei verschiedene Hydrate handeln. Wir glauben aber, daß es sich nicht einmal um zwei verschiedene Salze mit verschiedenem Kristallwassergehalt zu handeln braucht, sondern halten vielmehr folgenden Mechanismus der Schwingungserscheinungen beim Zink in Chlorid und Perchlorat für wahrscheinlich.

Die Salze ($ZnCl_2$ bzw. $Zn(ClO_4)_2$ oder entsprechende Hydrate) fallen nach Überschreiten der Sättigungskonzentration in Form einer wasserhaltigen, dünnen, sirupösen Schicht aus. Diese Schicht hat eine sehr viel schlechtere Leitfähigkeit als die gesättigte Lösung. Es kommt zu einem verhältnismäßig hohen Spannungsabfall in dieser Schicht, verbunden mit einem Abfall der Stromstärke. Gleichzeitig bewirkt das Spannungsgefälle eine elektroosmotische Entwässerung der Salzschicht und eine dichte Anpressung an die Anode. Dadurch steigt der Widerstand der Schicht weiter an, d. h. die Stromstärke sinkt rasch weiter. Gleichzeitig wird aber durch die Entwässerung das Diffusionsgefälle erhöht, weil ja die Lösung in der Umgebung der Salzschicht verdünnt wird. Damit verschwindet pro Zeiteinheit mehr Salz aus der Anodenschicht, da andererseits die verringerte Stromstärke weniger liefert, wird es zu einem Abbau, mindestens aber zu einer Wasseraufnahme der Salzschicht kommen, verbunden mit einem Anstieg der Stromstärke bis zum ursprünglichen Wert. Nun wiederholt sich der Vorgang in der gleichen Weise. Da auch beim Stromminimum normalerweise mehr Salz gebildet wird, als durch Diffusion und Überführung verschwindet, muß im Laufe der Schwingungsperiode die Schicht immer dicker bzw. immer dichter werden, bis schließlich die Spannung nicht mehr ausreicht, um die Schicht vollständig zu entwässern, die Schwingungen hören auf und die Stromstärke sinkt von einem Wert, der wenig unterhalb des Maximalwertes während der Schwingungen liegt (vgl. Abb. 3 und 4) langsam kontinuierlich weiter ab, weil jetzt die wasserhaltige Schicht allmählich weiter wächst. Die Tatsache, daß nach den Schwingungen die Stromstärke in der Nähe des oberen Grenzwertes weiter verläuft, beweist, daß der Hauptwiderstand während der Schwingungen nicht von ihr herrühren kann, sondern offenbar von dem elektroosmotisch entwässerten, schlecht leitenden Zustand, in den sie alternierend gerät. Wenn man daher den Strom noch so kurze Zeit unterbricht, wird die Schicht sofort wieder hydratisiert und leitfähig, beim Wiedereinschalten bekommt man daher praktisch die Anfangsstromstärke. Daß die Entwässerung der Salzschicht für die periodischen Erscheinungen mit verantwortlich ist, dafür sprechen auch noch nicht abgeschlossene Untersuchungen mit Lösungen, die Alkohol, Azeton usw. enthalten. Es genügt nämlich schon ein relativ geringer Gehalt an organischen Lösungsmitteln, um die Schwankungen zum Verschwinden zu bringen. Im Sinne der BONHOEFFERschen Theorie sehen wir als die beiden veränderlichen Zwischenstoffe, die normale Salzschicht, die nach Überschreiten der Sättigung ausfällt (x), einerseits und ihre elektroosmotisch entwässerte Form (y) andererseits an. Nur so glauben wir, die außerordentlich raschen Schwingungsvorgänge, die wir beobachtet haben, deuten zu können. Ein Auf- und Abbau von Salzschichten durch Kristallisation und Lösen der betreffenden Salze kann in unserem Falle wohl nicht in Betracht gezogen werden. Die an der Elektrodenoberfläche beobachteten und kinematographisch aufgenommenen, im Rhythmus der Stromstärkeänderungen verlaufenden Reflexionsschwankungen lassen sich auch durch den sich periodisch ändernden Hydratationszustand der Salzschicht am besten deuten.

Von dieser Hypothese aus ist es ohne weiteres verständlich, daß vor dem Beginn der Schwingungen festes Salz gebildet sein muß, daß ferner die Schwingungen an ein bestimmtes Konzentrationsgefälle gebunden sind und nur bei Salzen auftreten, die eine elektroosmotisch entwässerbare Schicht bilden. Wenn die Salze als gut ausgebildete Kristalle ausfallen, wird es zu einer solchen Erscheinung nicht kommen können. Es wird bei Salzgemischen eine Grenze der Zusammensetzung geben, wo die Abscheidungsform des Salzgemisches gerade noch genügt, um den elektroosmotischen Entwässerungsvorgang herbeizuführen, wenn das eine Salz solche entwässerbare Schichten bildet, das andere nicht.

Wenn die Stromdichte und damit das Spannungsgefälle von vornherein sehr hoch ist, wird die Salzschicht so stark entwässert, daß eine Rückverwandlung in den Zustand höherer Leitfähigkeit nicht mehr stattfindet und nur ein monotoner Abfall der Stromstärke stattfindet. So erklärt sich die obere Grenze der Stromdichte, bei der noch Schwingungen auftreten. Daß dabei der Spannungsabfall eine entscheidende Rolle spielt, geht daraus hervor, daß bei Zinkchlorid bei gleicher Anfangsstromdichte bei 12 V äußerer Spannung Schwingungen stattfinden, bei 40 V und entsprechend verringerter Leitfähigkeit des Elektrolyten dagegen nicht. Die untere Grenze der Stromdichte versteht sich daraus, daß dann das Spannungsgefälle für die Entwässerung der Schicht nicht ausreicht, der Abfall der Stromstärke wird nur durch die wasserhaltige Salzschicht hervorgerufen und ist daher entsprechend flach. Daß eine obere Temperaturgrenze besteht, ergibt sich daraus, daß mit zunehmender Temperatur die Löslichkeit und Diffusionsgeschwindigkeit steigt und daher bei gegebenem J_A schließlich nicht mehr das für die Entwässerung der Schicht erforderliche Verhältnis $\frac{J_A}{c'}$ erreicht wird. Bei der unteren Temperaturgrenze kann entweder die Salzschicht in einer zur Entwässerung ungeeigneten Form entstehen oder die Abdiffusion erfolgt zu langsam, so daß sofort die entwässerte Form bestehen bleibt, der relativ steile Abfall der Stromstärke, der bei tiefen Temperaturen beobachtet wird, spricht für die letzte Annahme. Daß beim Zinkperchlorat Gesamtschwingungsdauer τ, Einzelschwingungsdauer ϑ und Amplitude A bei 37°C ein ausgesprochenes Minimum durchlaufen, läßt sich eventuell dadurch erklären, daß bei dieser Temperatur ein Umwandlungspunkt eines Hydrats liegt (entsprechende Untersuchungen sind im Gange).

Je höher die Anfangsstromdichte ist, um so rascher wird eine für die Entwässerung nicht mehr ausreichende Schichtdicke erreicht werden, im Einklang damit nimmt die Zeit der Schwingungen mit zunehmendem J_A ab. Mit steigendem J_A und damit steigender Spannung ist aber auch eine um so kürzere Zeit zur Entwässerung der Schicht erforderlich, die Einzelschwingungsdauer wird kürzer, die Frequenz steigt. Im Verlaufe der Schwingungen nimmt die Amplitude mit der Zeit zu, wobei der Maximalwert der Stromstärke konstant bleibt, während der Minimalwert absinkt. Das erklärt sich dadurch, daß, solange überhaupt noch eine Entwässerung der Salzschicht gelingt, mit der Zeit ihre Dicke und daher ihr Widerstand im entwässerten Zustand wächst. In Perchlorat wächst außerdem die maximale Amplitude A mit der Anfangsstromdichte $A = \sqrt{J_A - K}$, offenbar weil mit J_A auch E und damit der Grad der Entwässerung und Widerstandserhöhung wächst.

Die in Chlorid gebildete Salzschicht wird offenbar sofort nach ihrer Entstehung entwässert und verursacht damit einen steilen Abfall der Stromstärke mit anschließenden Schwingungen; dagegen ist die Salzschicht in Perchlorat erst der elektroosmotischen Entwässerung nach einem gewissen Wachstum fähig, denn hier geht den Schwingungen immer erst ein langsamer Abfall der Stromstärke voraus. Diese Zeit des Abfalls ist um so kürzer, je höher die Stromdichte ist, weil um so weniger Zeit benötigt wird, sie in den entwässerbaren Zustand zu versetzen.

Qualitativ lassen sich also die beobachteten Erscheinungen durch die Vorstellung einer zwischen einem wasserhaltigen und wasserfreien Zustand alternierenden Salzschicht mit entsprechend wechselndem elektrischem Widerstand deuten. Sie befindet sich auch mit der BONHOEFFERschen Theorie insofern in Übereinstimmung, als die Bildungsgeschwindigkeit des einen Zwischenstoffes $x^{\cdot}$ (hydratisiertes Salz) durch den anderen Zwischenstoff (entwässerte Schicht y) gehemmt wird, da y die Bildung solvatisierter $Zn^{\cdot\cdot}$ behindert, und auch insofern, als die Bildung des zweiten Zwischenstoffes y autokatalytisch beschleunigt wird, da das durch seine Bildung steigende Spannungsgefälle die Entwässerung beschleunigt.

Es ist aber noch nicht möglich, die Schwingungen quantitativ aus dieser Vorstellung zu berechnen. Eine harmonische Analyse[1] der Schwingungen in m/2 $ZnCl_2$ bei 90 mA und 20° C (Spannung 12 V) ergab eine wenig übersichtliche Funktion

$$J = J_o + \sum_{r=1}^{5} J_r \sin(r \cdot \omega \cdot t + \varphi_r)$$

wo für J_0 der Wert	77,60 mA		u. $J_0 = 76{,}95$ mA	
für J_r die Werte $J_1 =$	10,77 mA		10,98 mA	
$J_2 =$	6,47 mA		6,87 mA	
$J_3 =$	3,02 mA		2,66 mA	
$J_4 =$	1,71 mA		1,61 mA	
$J_5 =$	0,89 mA	am Anfang	1,10 mA	am Ende

der Schwingungen einzusetzen sind. Die physikalische Bedeutung der in dieser Funktion enthaltenen Größen J_r und ϑ_r läßt sich vorläufig noch nicht angeben.

Es soll versucht werden, Bedingungen ausfindig zu machen, unter denen sich die J-t-Funktion leichter übersehen läßt.

Die am Zink beobachteten Schwingungsvorgänge scheinen uns insofern nicht ohne Interesse eventuell auch für biologische Phänomene zu sein, weil hier rhythmische Schwankungen allein durch Diffusions- und damit verbundene Hydratationsprozesse verursacht werden.

---

[1] Sie wurde liebenswürdigerweise vom Institut für angewandte Mathematik der T. H. Dresden durchgeführt.

Zusammenfassung

Bei der anodischen Auflösung von Zink in wäßrigen Lösungen von Chloriden und Perchloraten treten periodische Schwankungen der Stromstärke auf, nicht dagegen in Lösungen von Nitraten und Sulfaten. Die Schwankungserscheinungen sind unabhängig von der Konzentration der Lösung und von der Art des Kations, nur der Zeitpunkt ihres Beginns wird davon beeinflußt. In Elektrolytmischungen treten nur bis zu bestimmten Mischungsverhältnissen Stromstärkeschwingungen auf. Der näher untersuchte Einfluß von Anfangsstromdichte und Temperatur auf den Verlauf der Schwankungen, ihre Dauer, Frequenz und Amplitude läßt erkennen, daß die Bildung festen Salzes, ein bestimmtes Konzentrationsgefälle Anode-Lösung und eine bestimmte Abscheidungsform des festen Salzes Voraussetzung für die Schwingungserscheinung ist. Sie lassen sich durch die Annahme deuten, daß an der Anode abgeschiedenes festes Salz einer alternierenden elektroosmotischen Entwässerung unterliegt.

BERICHTIGUNG

Pirl, Positive Lösungen einer nichtlinearen Integralgleichung

Statt Band 100 Heft 8 (Verlags-Nr. 2027/100/8) muß es heißen: ***Band 101 Heft 2*** (Verlags-Nr. 2027/101/2).

III/18/2 - 40311 Lp. 2408/54 1000. 1.54

BERICHTE ÜBER DIE VERHANDLUNGEN DER SÄCHSISCHEN AKADEMIE DER WISSENSCHAFTEN ZU LEIPZIG

MATHEMATISCH-NATURWISSENSCHAFTLICHE KLASSE

Band 97

Heft 1 Prof. Dr. ERICH STRACK / Beobachtungen über den endogenen Anteil des Kot-Stickstoffs. 24 Seiten — 1949 — vergriffen

Heft 2 Prof. Dr. ERNST HÖLDER / Über die Variationsprinzipe der Mechanik der Kontinua. 13 Seiten — 1950 — vergriffen

Heft 3 Dr. H. GERSTNER / Dr. H. BAARK / Dr. H. GRAUL / Der Wechselstromwiderstand der Froschhaut. 25 Seiten — 1950 — DM 2,75

Heft 4 Dr. HERBERT BECKERT / Existenz- und Eindeutigkeitsbeweise für das Differenzenverfahren zur Lösung des Anfangswertproblems, des gemischten Anfangs-Randwert- und des charakteristischen Problems einer hyperbolischen Differentialgleichung zweiter Ordnung mit zwei unabhängigen Variablen. 42 Seiten — 1950 — DM 9,—

Heft 5 Dr. HERBERT BECKERT / Über quasilineare hyperbolische Systeme partieller Differentialgleichungen erster Ordnung mit zwei unabhängigen Variablen. Das Anfangswertproblem, die gemischte Anfangs-Randwertaufgabe, das charakteristische Problem. 68 Seiten — 1950 — vergriffen

Heft 6 Prof. Dr.-Ing. ENNO HEIDEBROEK / Das Verhalten von zähen Flüssigkeiten, insbesondere Schmierflüssigkeiten, in engen Spalten.
40 Seiten — 24 Abbildungen — 1952 — DM 5,80 Nachdruck

Heft 7 Prof. Dr. HANS SCHUBERT / Über eine lineare Integrodifferentialgleichung mit Zusatzkern. 52 Seiten — 1950 — DM 9,25

Heft 8 Dipl. phys. HELMAR KRUPP / Bestimmung der allgemeinen Lösung der Schrödinger Gleichung für Coulomb-Potential.
28 Seiten — 1950 — DM 5,50

Band 98

Heft 1 Prof. Dr. WALTER SCHNEE / Über magische Quadrate und lineare Gitterpunktprobleme. 48 Seiten — 1951 — vergriffen

Heft 2 Prof. Dr.-Ing. ENNO HEIDEBROEK / Über die Beziehungen zwischen Schmierung und Verschleiß bei geschmierter Gleitreibung.
36 Seiten — 5 Abbildungen — 1952 — DM 2,75 Nachdruck

Heft 3 Prof. Dipl.-Berging. KARL KEGEL / Der Salzstock Mirowo bei Provadia in Bulgarien. 26 Seiten — 9 Abbildungen — 1951 — vergriffen

Heft 4 Dr. HERBERT BECKERT / Dr. HANS SALIÉ / Bemerkungen über die Verbiegung hyperbolisch gekrümmter Flächenstücke / Über Abels Verallgemeinerung der binomischen Formel.
22 Seiten — 2 Abbildungen — 1951 — DM 2,25

Heft 5 Prof. Dr. ERICH STRACK / Die Dauerinfusion als Verfahren zur Erforschung des Kohlenhydratstoffwechsels des Tierkörpers.
20 Seiten — 1952 — DM 2,—

Band 99

Heft 1 Prof. Dr. Heinrich Brandt / Über das quadratische Reziprozitätsgesetz. 18 Seiten — 1951 — DM 1,90

Heft 2 Prof. Dr. Georg Spackeler / Der Gebirgsdruck und seine Beherrschung durch den Bergmann. 36 Seiten — 12 Abbildungen — 1951 — DM 1,65

Heft 3 Prof. Dr. Ernst Diepschlag / Die Anwendbarkeit der Regelungstechnik in der Hüttenindustrie. 38 Seiten — 12 Bilder — 1952 — DM 3,90

Heft 4 Prof. Dr. Albert Fromme / Die Bedeutung der Entwicklungsgeschichte, besonders des Mesenchyms für die Klinik.
24 Seiten — 1952 — DM 1,75

Heft 5 Dr. Robert Böker / Die Entstehung der Sternsphäre Arats.
68 Seiten, 2 Ausschlagtafeln — 4 Abbildungen — 3 Tabellen — 1952 — DM 5,60

Band 100

Heft 1 Prof. Dr. Heinrich Brandt / Über Stammfaktoren bei ternären quadratischen Formen. 24 Seiten — 1952 — DM 2,25

Heft 2 Prof. Dr. Paul Günther / Zur Gültigkeit des Huygens'schen Prinzips bei partiellen Differentialgleichungen vom normalen hyperbolischen Typus. 43 Seiten — 1952 — DM 5,—

Heft 3 Dr. Alfred Müller / Die Schaubarkeit in der Axonometrie.
22 Seiten — 3 Ausschlagtafeln — 1952 — DM 3,—

Heft 4 Prof. Dr.-Ing. Enno Heidebroek / Die Beziehungen zwischen Härte, Schmierung und Verschleißfestigkeit.
40 Seiten — 10 Abbildungen — 1952 — vergriffen

Heft 5 Prof. Dr. Robert Schröder / Frauenheilkunde in Forschung und Praxis. 22 Seiten — 1952 — DM 1,35

Heft 6 Dr. Rolf Reissig / Die pandiagonalen Quadrate vierter Ordnung.
54 Seiten — 1952 — DM 5,—

Heft 7 Prof. Dr. Max Robitzsch † / Die Erforschung der Atmosphäre, ihre Methodik und ihre Probleme.
30 Seiten — 12 Abbildungen — 4 Kunstdrucktafeln — 1953 — DM 2,50

Band 101

Heft 1 Prof. Dr. Kurt Schwabe / Periodische Erscheinungen bei der anodischen Auflösung des Zinks. (Vorliegendes Heft)

Heft 2 Udo Pirl / Positive Lösungen einer nichtlinearen Integralgleichung.
44 Seiten — 2 Abbildungen — 1953 — DM 4,—

Heft 3 Dr. Joachim Focke / Asymptotische Entwicklungen mittels der Methode der stationären Phase. (In Vorbereitung)

Heft 4 Dr. Hans Salié / Zur Verteilung natürlicher Zahlen auf elementfremde Klassen. (In Vorbereitung)

Bestellungen an eine Buchhandlung erbeten

AKADEMIE-VERLAG · BERLIN W 8

FSC
www.fsc.org
MIX
Papier | Fördert
gute Waldnutzung
FSC® C083411

Zeitfracht Medien GmbH
Ferdinand-Jühlke-Straße 7
99095 Erfurt, Deutschland
produktsicherheit@kolibri360.de